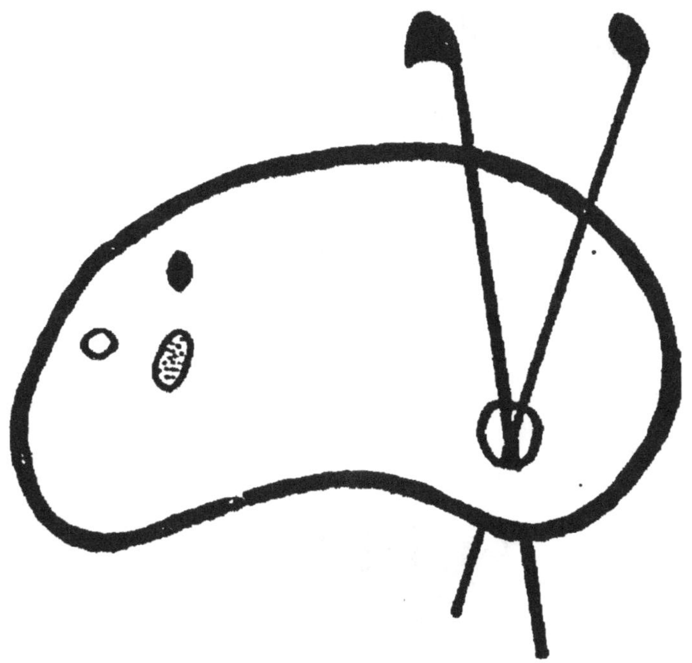

DEBUT D'UNE SERIE DE DOCUMENTS
EN COULEUR

EXCURSION

EN

ASTARAC ET COMMINGES

(30 AVRIL ET 1ᵉʳ MAI 1907)

PAR

ADRIEN LAVERGNE

AUCH

IMPRIMERIE LÉONCE COCHARAUX

RUE DE LORRAINE

—

1908

IMPRIMERIE
LÉONCE COCHARAUX
AUCH

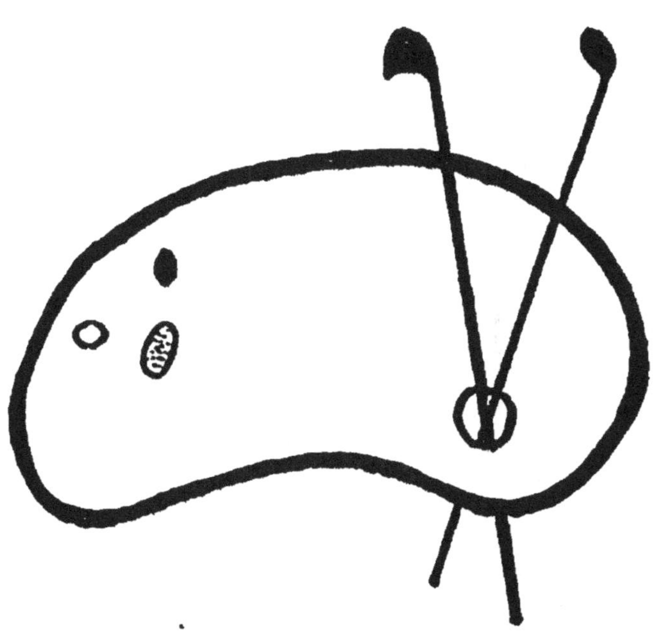

FIN D'UNE SERIE DE DOCUMENTS
EN COULEUR

EXCURSION

EN ASTARAC ET COMMINGES

(30 Avril & 1er Mai 1907)

EXCURSION

EN

ASTARAC ET COMMINGES

(30 AVRIL ET 1ᵉʳ MAI 1907)

PAR

ADRIEN LAVERGNE

AUCH

IMPRIMERIE LÉONCE COCHARAUX

RUE DE LORRAINE

—

1908

EXCURSION

EN

Astarac et Comminges

(30 Avril & 1ᵉʳ Mai 1907)

ABBAYE DE GIMONT.

Sur le territoire du département du Gers, l'ordre de Cîteaux eut quatre abbayes d'hommes : *Bouillas, Berdoues, Gimont* et *Flaran;* deux de femmes : *Goujon* [1] et les *Rieunettes* de Lombez [2].

L'abbaye de Gimont a sa notice dans la *Gallia Christiana* et dans les *Chroniques du diocèse d'Auch,* de Dom Brugèles; M. l'abbé Dubord a donné dans la *Revue de Gascogne* (1870 à 1883) une série d'articles sur *L'abbaye de Gimont et les villes qu'elle a fondées;* on trouvera dans la même *Revue* (1882) une étude archéologique sur ce monastère; enfin M. l'abbé Clergeac, chapelain à Saint-Louis-des-Français, à Rome, a récemment publié le *Cartulaire de l'abbaye de Gimont* [3], ouvrage important que je dois faire connaître.

---

[1] Commune d'Auradé, canton de l'Isle-Jourdain. Deux monographies de l'abbaye de Goujon ont été publiées l'une par M. Victor Fons, dans les *Mémoires de la Société Archéologique du Midi,* VII, p. 335, l'autre par M. l'abbé Gabent, dans la *Revue de Gascogne,* XXXVI, 1895, pp. 497 et 545. Voir aussi *Gallia Christiana.*

[2] En 1761, les religieuses de l'abbaye de Rieunette, au diocèse de Carcassonne, furent transférées à Lombez (*Hist. Gén. de Languedoc,* IV, p. 648).

[3] Auch, impr. L. Cocharaux, 1905, in-8°, XVII-504 pages. *Archives historiques de la Gascogne,* IIᵉ série, 9ᵉ fascicule.

Ce cartulaire contient huit cent dix chartes et nous renseigne sur les progrès rapides de la fortune territoriale de l'abbaye pendant ses quatre-vingt-onze premières années (1142 à 1233). Le 5 avril 1142, Géraud du Brouilh, Gausens son épouse et leurs enfants donnèrent à Albert, abbé de Berdoues, cent concades de terre dans le bois nommé *Plana Sylva* pour y bâtir le monastère. Alors commencèrent à affluer les donations des nobles et des manants,

.....si bien qu'en 1233, date extrême mentionnée par le cartulaire, les dépendances de l'abbaye ont pour limite : une ligne qui suivrait le cours de l'Arrats depuis Castelnau-Barbarens jusqu'à Tournecoupe, tournerait vers Pessoulens, Marignac, Faudoas, Sarrant, remonterait le cours du Sarrampion, et, passant par Saint-Germier, Saint-Aubin, Garac, Le Castéra, rejoindrait la Save à l'Isle-Jourdain. De là, se dirigeant vers l'est, cette ligne, traversant Auradé, engloberait les territoires de Fontenilles, Bonrepaus, Saint-Lys, Fonsorbes, suivrait en amont le cours du Touch, et, tournant à l'ouest vers Montadet, Sauveterre, Saramon, reviendrait à son point de départ : Castelnau-Barbarens. Le pays ainsi délimité n'appartenait pas tout entier aux moines, mais sur tout ce territoire ils avaient des possessions nombreuses consistant en biens-fonds, en dîmes et prémices sur les églises, en droits de pacage, de chasse et de pêche[1].

Pour faciliter l'administration de ces propriétés, on les divisa en six groupes dépendant le premier directement de l'abbaye, les cinq autres chacun d'une *grange* gérée par un religieux appelé *grangier*. Dans le cartulaire, les chartes d'acquisition sont groupées sous le nom de leur grange.

M. l'abbé Clergeac aurait pu ajouter d'autres documents et nous donner une histoire complète de l'abbaye de Gimont; mais son volume a cinq cent vingt pages! Nous ne reprocherons pas à M. l'abbé Clergeac la sobriété de son introduction et de ses notes, car nous sommes trop heureux d'avoir cet important cartulaire publié d'une façon correcte. Il est à la portée de tous et à l'abri de tous les accidents.

---

[1] *Cartulaire de l'abbaye de Gimont*, introduction, p. VII.

Après celle de Flaran, qui est si bien conservée [1], l'abbaye de Gimont est celle qui a le plus de vieilles constructions. Comme Berdoues et Flaran elle est établie dans une plaine, au bord d'une rivière; un mur de clôture enferme de larges cours, d'immenses jardins et toutes les dépendances immédiates de l'abbaye; elle a aussi, comme les deux autres, un moulin sur la rivière.

L'entrée de l'enceinte, qui à Flaran est semblable à nos portes de villes fortifiées, est ici un bel édifice à deux travées voûtées en croisées d'ogives. A l'extérieur, le mur occidental est chargé d'écussons armoriés; ce mur est percé de deux portes en tiers-point : une large pour les voitures, une plus étroite pour les piétons; une troisième porte dans le mur du midi donne sur le chemin du moulin; enfin cette construction est largement ouverte du côté de l'abbaye par une grande baie en tiers point. Le sol de ce bâtiment est creusé de silos bâtis en briques dont les ouvertures rondes sont apparentes.

Ces silos, appelés en gascon *cros* (d'où le mot *creux*, qu'on trouve dans les vieux documents pour les désigner), étaient destinés à contenir du blé. Il est étrange qu'on les plaçât sous les portes et les passages; cependant il en était ainsi. Dans un *Inventaire des biens meubles et immeubles de la maison noble du lieu d'Arblade-Brassal*, qui est au notariat de Gondrin, on trouve :

En oultre ladicte dam^lle a dict et déclayré q̄ dans ung creux qui est desoubz le pourtal et contre la porte, y a 32 sacz et demy de bled froment.

Item en aū creux soubz ledict pourtal y a 37 sacz et demy de bled froment.

Plus en aū creux qui est soubs ledict pourtal et soubs le petit degré y a 45 sacz et demy de bled froment.

Plus en ung aū creux qui est soubz led. pourtal y a 38 sacz et trois cartons de baillarc.

M. Paul Bénétrix (*Les origines du collège d'Auch*, p. 62) cite

---

[1] Voir la belle publication : *L'abbaye de Flaran en Armagnac*, description et histoire par Pierre BENOUVILLE et Philippe LAUZUN (Auch, impr. Foix, 1890, in-8°, 136 pages 7 planches. Extrait de la *Revue de Gascogne*).

un texte dans lequel on peut lire : « A l'entrée de la maysoun, y
« a trois creus les deux plains de blé... »

Au fond de la vaste cour est une longue construction en
briques qui semble avoir jadis comme aujourd'hui servi d'étable;
le rez-de-chaussée est éclairé par des fenêtres à plein cintre, et
les magasins à fourrage du premier étage par des ouvertures
étroites comme des meurtrières. La partie méridionale de ce
bâtiment semble plus soignée; on y voit trois arcatures à plein
cintre en porte-à-faux et une loge à porcs à belle voûte d'arêtes.
Sur la façade orientale du même bâtiment, mais toujours au
midi, on remarque un reste de cloître en ruine, fait de pierres et
de briques, du XVIIe ou du XVIIIe siècle. Mais il y eut un cloître
plus ancien. J'en ai vu les chapiteaux et les colonnettes en
marbre formant de pittoresques ruines dans le parc du château
de Larroque, chez M. de Sevin, conseiller général et maire de
Gimont. On conserve encore au château de Larroque l'inscription
suivante qui appartenait à ce beau cloître :

HIC : IACET : ODDO : D
E : MARISTAGNO : D
OMICELL' : Q̄ : OBIIT :
ANNO : DM̄ : M̊ : CC̊ : LXX̊ :
VI : XM : KL·S : OCT
OBRIS : HOC : E : XIX : D
IE : MĒSIS : SEPTEMBR
IS : Q̄ : TV̄C : FVI : DIES :
SABB̄I : ANTE : AV
RORA : EIVSD̄ : DIE
I : DICATIS : PATA̅ :
EIUS : PATER : NO
STER : [1].

Cette belle inscription, gravée sur une plaque de marbre de
grande dimension, contient quelques irrégularités : à la cinquième

---

[1] « Ci-git Odon de Marestaing, damoiseau, qui mourut l'an du Seigneur 1276, le
« treizième jour avant les kalendes d'octobre, c'est-à-dire le 19 septembre, qui fut
« alors un jour de samedi ; (il mourut) avant l'aurore de ce même jour. Dites pour son
« âme : *Pater noster.* »

ligne un M remplace le chiffre III; à la huitième on trouve *fui*
pour *fuit*.

La plus curieuse des constructions de l'abbaye est un bâtiment
rectangulaire, de l'époque romane, situé près du moulin. Il forme
deux nefs séparées par quatre piliers. Ces deux nefs ont chacune
cinq travées voûtées en croisées d'ogives à nervures toriques. Du
côté du nord on entrait de plain-pied en passant dans une tour
octogone servant d'escalier pour monter au-dessus de la voûte.
Cette tour, par sa forme et son ornementation, paraît du
xv⁰ siècle; il y avait une autre entrée du côté du moulin.
N'était-ce point un vaste magasin à grains et à farines?

Quand on quitte l'abbaye pour se rendre à Cahuzac et à
Gimont, on peut voir, près de l'angle nord-ouest du mur
d'enceinte qui longe la route, une porte actuellement bouchée en
maçonnerie, au-dessus de laquelle on a gravé en beaux caractères gothiques cette inscription gasconne :

Y'an : m¹ : d° : mossen : peg : debidos : abat : fei : fe la present capera le la claulura : et.

Cette chapelle aujourd'hui détruite étai? probablement celle de
Notre-Dame des Neiges, *joignant les murs ·· l'abbaye*, dit dom
Brugèles (*Chroniques*, p. 449). La vieille ɔtat ·· de Notre-Dame
la Blanche, conservée à l'église de Juilles et décrite par M. l'abbé
Cazauran (*Pèlerinage de N.-D. de Cahuzac*, p. 173, note), est
peut-être la statue autrefois vénérée dans le vieux sanctuaire.
Quoi qu'il en soit, il est curieux d'observer qu'à l'angle nord-
ouest du mur d'enceinte de l'abbaye de Berdoues, comme à
l'angle nord-ouest du mur d'enceinte de l'abbaye de Gimont, les
moines de Saint-Bernard avaient élevé un sanctuaire en l'honneur de la Vierge. Celui de Berdoues, dédié à Notre-Dame de
Pitié, est devenu église paroissiale.

GIMONT.

Dans notre Sud-Ouest, entre le milieu du xiii⁰ et le milieu du
xiv⁰ siècle, furent créées les bastides. L'abbaye de Gimont ne

resta pas étrangère à ce grand fait historique, car elle fonda *Gimont* et *Solomiac* dans le Gers, et *Saint-Lys* dans la Haute-Garonne.

Larcher a recueilli le paréage pour la fondation de la bastide de Francheville ou de Gimont (*Glanages*, t. II, n° 182; bibliothèque municipale de Tarbes).

Monlezun (*Histoire de la Gascogne*, III, p. 27) a parlé de la fondation de cette ville; et, dans le même ouvrage (VI, p. 205), il a reproduit le paréage, ou plutôt l'approbation royale de ce paréage, conclu entre l'abbaye de Gimont et Philippe de Landreville, sénéchal de Toulouse (janvier 1265).

Léonce Couture a publié dans l'*Annuaire du Gers*, en 1872, la ratification du paréage et les coutumes, documents traduits en français au XVIIe siècle.

Nous avons de M. l'abbé Dubord une série de quatre articles sur la fondation de Gimont, dans la *Revue de Gascogne* (t. XVII); et dans le même recueil un mémoire du même auteur sur *L'instruction publique à Gimont avant 1789* (t. XVIII et XIX).

On peut consulter encore Curie-Seimbres: *Essai sur les villes fondées dans le sud-ouest de la France, aux XIIIe et XIVe siècles, sous le nom générique de bastide*, p. 379.

Notre confrère M. Vignaux, avocat à Toulouse, a le projet d'écrire l'*Histoire de Gimont*. Il a déjà publié dans la *Revue de Gascogne* (XXV) une *Note sur les Ursulines* de cette ville, et il a collaboré à l'ouvrage suivant: *Poésies de Guillaume Ader*, publiées avec notice, traduction et notes: I, *Lou Gentilome Gascoun*, par A. VIGNAUX; II, *Lou Catounet Gascoun*, par A. JEANROY (Toulouse, Privat, 1904, in-8°, XLVIII-231 pp., *Bibliothèque méridionale*, t. IX).

La Société Archéologique du Gers a publié *Le Catounet Gascoun*, de Guillaume ADER (Auch, L. Cocharaux, 1904, in-8°, 73 pp). On trouvera à la fin de ce livret une note relative à l'*Histoire littéraire de Gimont*.

La ville de Gimont s'élève sur le penchant d'une colline, au levant de la Gimone. La disposition du territoire lui a fait donner une forme allongée; mais, comme dans toutes les bastides, ses rues se coupent à angle droit. La route nationale d'Auch à Toulouse, fort en pente, la traverse dans toute sa longueur en passant sous la grande halle qui couvre à peu près toute la place centrale. A droite, en montant la route, on distingue une vieille maison aux murs en charpente, avec fenêtres à meneaux croisés dont les moulures sont fort remarquables.

L'église est le monument important. Elle est gothique et appartient à ce groupe essentiellement méridional caractérisé par une large nef bordée de chapelles latérales dont la cathédrale d'Albi est le type le plus connu. Son chevet heptagone est garni de chapelles comme la nef. Cette église est éclairée par les fenêtres des chapelles et par des fenêtres plus petites qui surmontent celles-ci. Les dosserets sont tantôt prismatiques tantôt arrondis.

Le clocher, bâti sur le côté nord, occupe la place d'une chapelle et déborde le mur de clôture. Il est carré à la base; ses encoignures extérieures sont accompagnées chacune de deux contreforts disposés à angle droit; les étages supérieurs sont octogones et éclairés par des fenêtres en mitre. Moins svelte que le clocher de Lombez, il appartient comme lui au type toulousain qui a tant de représentants dans le Gers. Le maître-autel du xviiie siècle offre un très harmonieux ensemble; il est couronné par une belle assomption qui rappelle la célèbre vierge de Murillo.

Le beau triptyque de cette église est dans la sacristie. Il a été décrit avec grand soin par un pieux ecclésiastique, feu M. l'abbé Estingoy (*Revue de Gascogne*, III, 1862, pp. 105 et 301); mais cette description est tellement surchargée d'érudition théologique et de considérations mystiques que l'esprit perd de vue l'objet de son étude. Qu'on se figure une armoire très peu profonde. Sur le fond est une croix formée de tiges tressées, sur laquelle était un christ qui a été remplacé par un autre plus grand et plus moderne. Au pied de cette croix est peint un paysage un peu effacé mais dans lequel on distingue encore le calvaire, la mort du Christ, l'apothéose du bon larron, le châtiment du mauvais, Jérusalem avec ses murs, ses tours, ses minarets, ses coupoles, une scène des croisades. Les deux volets qui ferment le triptyque sont sculptés à l'intérieur et peints à l'extérieur. En dedans la décoration est plus soignée; entre deux colonnettes minces et fuselées, surmontées de la coquille et d'ornementations telles que savait les concevoir l'imagination féconde des artistes de la Renaissance, on voit d'un côté la Vierge, de l'autre saint Jean, portés chacun sur un cul-de-lampe à banderolle inscrite. Quand les volets sont fermés on voit d'un côté sainte Marthe aspergeant la Tarasque, de l'autre sainte Madeleine portant le vase des parfums. La Vierge, saint Jean et sainte Marthe sont dans le costume traditionnel; mais sainte Madeleine est une grande dame de l'époque de François Ier; elle est svelte, belle et magnifiquement vêtue à la mode du temps. L'expression de profonde tristesse n'altère en rien la beauté de ses traits. Sainte Madeleine me paraît le personnage le plus caractéristique.

NOTRE-DAME DE CAHUZAC.

La chapelle de N.-D. de Cahuzac, située sur la rive gauche de la Gimone, était sur la limite orientale du diocèse d'Auch. Cette position la fit considérer par Léonard de Trapes et par ses successeurs comme l'un des boulevards protecteurs du diocèse[1].

Son origine peut se fixer d'une façon très précise. Elle fut bâtie après l'invention merveilleuse de la statue, qui eut lieu le 27 septembre 1513.

C'est une construction du xvie siècle faite, comme l'église de Gimont, d'après le type méridional caractérisé par une nef bordée de chapelles latérales. Le clocher est aussi toulousain.

La chapelle de Cahuzac est dédiée à Notre-Dame de Pitié. Il

---

[1] *Constitutiones synodales diœcesis Auscitanæ a Reverendissimo DD. Leonardo de Trapes, archiepiscopo Auscitano editæ*, 1624, p. 11.

me paraît intéressant de noter ici le document le plus ancien qui constate l'existence de ce vocable dans le département du Gers. C'est un testament du six octobre *mil trois cent quatre-vingt-trois*, dans lequel une riche dame déclare qu'elle veut être enterrée à l'église des Cordeliers de Samatan, dans la chapelle de Notre-Dame de Pitié *(elegit sepulturam suam in ecclesiam Fratrum Minorum Samatani... in capella Beatæ Mariæ pietatis)*; et elle donne cent francs d'or à ces religieux, à charge d'entretenir un prêtre à perpétuité qui devra célébrer la messe pour elle et pour ses parents dans la chapelle de Notre-Dame de Pitié de l'église de ce couvent *(item conventui Fratrum Minorum Samatani centum francos auri tali conditione quod dictus conventus teneatur tenere unum sacerdotem qui teneatur celebrare in ecclesia dicti conventus in perpetuum in capella Beatæ Mariæ Pietatis pro anima ejus, parentum suorum)*. Ce document a été signalé pour la première fois par M. l'abbé Cazauran dans l'ouvrage qu'il a publié, en 1903, sur *Notre-Dame de Cahuzac*, p. 177.

Tout a été dit sur ce sanctuaire; il me suffira d'en donner la bibliographie.

A la fin du XVII° siècle, Jean Duclos, prêtre et chapelain de la sainte chapelle, publia *Le Tableau de la miraculeuse chapelle de Nostre-Dame de Cahusac près la ville de Gimont* (à Auch, par P. François, 1686, in-12, 54 pp.).

L'auteur a mis à la suite de cet ouvrage le *Règlement de vie et exercice de dévotion du chrestien pour les confrères de la sainte et miraculeuse chapelle de Nostre-Dame de Pitié de Cahusac dans le diocèse d'Auch* (à Auch, par P. François, 1686, in-12, 98 pp., table et approbation non paginées; les litanies de la Sainte Vierge, l'oraison pour le roi et les litanies du saint nom de Jésus avec pagination spéciale).

Le Tableau de la miraculeuse chapelle a été réimprimé à Toulouse, en 1741.

Sur cette seconde édition il en a été fait une troisième, aussi imprimée à Toulouse en 1853. Dans celle-ci on a supprimé le

Règlement de vie et on a ajouté une description de cette chapelle par M. le comte de Mauléon (indication de M. Couture dans la *Revue de Gascogne*, XXX, 1889, p. 143).

Petite notice sur la chapelle de N.-D. de Cahusac (4 pp. in-8°. Auch, impr. J.-A. Portes). Cette pièce anonyme (peut-être de l'abbé L. Abadie) fut distribuée par les missionnaires du diocèse d'Auch avant le 25 mars 1859, jour du rétablissement solennel, par Mᵍʳ de Salinis, du pèlerinage de Cahuzac.

Pèlerinage de Notre-Dame de Cahuzac, par M. l'abbé Cazauran, archiprêtre de Mirande (Abbeville, impr. F. Paillart, 1903, in-18, vii-260 pp., plusieurs gravures dans le texte).

D'après Jean Duclos, N.-D. de Cahuzac était nommée vulgairement *N.-D. de l'Orme*. On connaît en France plusieurs chapelles de la Vierge dont les statues furent, d'après les légendes, découvertes sur des ormeaux. Dans le Gers nous avons celles du Cédon, de Biran et de Cahuzac [1].

BOULAUR.

En remontant la Gimone on trouve sur la rive gauche Boulaur, qui fut l'un des trois monastères de l'ordre de Fontevrault dans le Gers. Les deux autres étaient Le Brouilh et Vaupillon.

Dom Brugèles a inséré un article sur ce monastère dans ses *Chroniques* (p. 392); Cénac-Moncaut en a parlé dans son *Voyage archéologique dans les comtés d'Astarac et de Pardiac*, p. 57; Ferdinand Cassassoles a publié une *Monographie du couvent de Boulauc* (Auch, Foix, 1859, in-8°, ix-145 pp., avec un dessin du sceau du monastère); et M. le chanoine Joseph Mothe a fait paraître *Le couvent de Boulaur* (Auch, Cocharaux, 1881, in-8°, 31 pp.).

Dans l'église, le chœur des religieuses était au fond, c'est-à-dire dans la partie opposée au sanctuaire; au-dessus est une tribune

---

[1] Sur les ormeaux, dans les coutumes de nos pères, voir : A. L., *Excursions*, 1883, pp. 70 et 71; *Excursions*, 1896, pp. 3 et 4; *Revue de Gascogne*, XXIII, 1882, pp. 419 et 420; *Id.*, XXXIV, 1893, p. 271.

garnie d'une très belle grille en fer forgé, qui, selon Cassassoles, aurait appartenu au monastère de Longages (*Monographie du couvent de Boulauc*, p. 113).

SARAMON.

La petite ville de Saramon, chef-lieu de canton du Gers, est à deux kilomètres en amont de Boulaur. Elle s'est élevée près d'un monastère bénédictin dépendant de l'abbaye de Sorèze, en Languedoc, fondé vers les dernières années du ixᵉ ou les premières du xᵉ siècle.

On devra consulter pour son histoire : *Gallia Christiana*, I, col. 1016, instr., p. 170; Dom Brugèles, *Chronique*, p. 274, preuves de la deuxième partie, p. 42; Cénac-Moncaut, *Voyage... en Astarac*, p. 56; Ferdinand Cassassoles, *Histoire de la ville de Saramon depuis le IXᵉ siècle jusqu'à nos jours* (Auch, Foix, 1862, in-8°, 308 pp.). M. Léonce Couture rendit compte de ce livre, et eut une polémique avec l'auteur à cette occasion (*Revue de Gascogne*, IV et V).

M. l'abbé Canéto s'est occupé incidemment de l'église abbatiale de Saramon dans la *Revue de Gascogne* (IV, 555, et XII, 62). D'après cet archéologue elle aurait eu primitivement un transept, une abside et quatre absidioles.

« Depuis la seconde moitié du xviᵉ siècle », dit-il, « les béné-« dictins de Saramon ne purent conserver à l'église abbatiale, si « maltraitée à cette époque par les calvinistes, que les deux absi-« dioles du nord. Encore la plus voisine du centre est-elle « devenue entrée secondaire de l'église; et la suivante, sensible-« ment plus réduite, n'est plus qu'un simple dépôt. »

M. Cassassoles a vu ces deux absidioles, il a décrit la porte latérale du nord, mentionné douze stalles du chœur en bois sculpté et une séparée pour l'abbé. Son paragraphe archéolo-gique se termine ainsi : « Un sarcophage de marbre gris sert de « bénitier (p. 51) ».

Ce prétendu sarcophage est bien l'objet le plus intéressant de

Saramon. Il est couché et enchassé en partie dans le mur voisin de l'entrée du nord; mais son fronton indique qu'il était fait pour être debout. Creusé en forme de niche, ce marbre était sans doute destiné à renfermer des reliques ou une statue vénérée. On pourrait le dater, à mon avis, de l'époque carolingienne.

Dans la ville nous n'avons guère à signaler qu'une maison en pans de bois, dans le genre de celle de Gimont.

SARCOPHAGE DE SAINT CÉRAT A SAINTES.

La route de Saramon à Simorre passe à Saintes. Là se trouve le sarcophage de S. Cérat, l'un des premiers apôtres qui évangélisèrent notre pays. Sa légende est dans les bréviaires de la province ecclésiastique d'Auch, au 24 avril. Dom Brugèles en a parlé dans ses *Chroniques* (pp. 38 à 41, 181 à 184) et l'a placé parmi les métropolitains d'Éauze.

S. Cérat ayant rendu le dernier soupir dans la solitude de Saintes, le clergé de Simorre, accompagné du peuple, alla chercher son corps et l'ensevelit dans un cercueil de marbre placé dans l'église de Saint-André. Cette église, qui était au cimetière de Simorre, tomba en ruines; les moines mirent le corps dans une châsse et des reliquaires, et transportèrent le sarcophage à Saintes. « On le plaça joignant une fontaine qui y jeste ses eaux, « lesquelles, par l'attouchement de cette relique, deviennent un « remède aux malades [1] » (Dom Brugèles, p. 183). Depuis rien ne semble avoir été changé.

Voici les dimensions du sarcophage; elles m'ont été données par notre excellent confrère M. Saint-Martin, instituteur à Simorre : longueur, 2 mètres; largeur du côté de la tête, 0.65; du côté des pieds, 0.61; épaisseur des parrois, 0.07. Cette auge n'est ornée d'aucune sculpture.

[1] En février 1792, la municipalité réclame au curé *une pierre destinée* à la guérison des yeux, qui ne figurait pas dans l'inventaire des effets trouvés dans la chapelle du monastère de Saramon (Arch. du Gers, L 196, n° 771, f° 79).

SIMORRE.

A Simorre était l'un des plus anciens couvents bénédictins du Gers. En 817, l'assemblée d'Aix-la-Chapelle le classa, avec ceux de Serre, de Pessan et de Faget parmi ceux qui ne devaient à l'État ni service militaire ni tribut, mais seulement des prières.

De l'antique monastère il reste la très remarquable église, monument historique, dont on connaît la date. Cette imposante construction en briques est une vraie forteresse crénelée, avec un chemin de ronde et des guérites coiffées de lourds pylones sur d'énormes contreforts.

J'ai visité l'église de Simorre, il y a plus d'un quart de siècle; je prends la liberté de transcrire ici la description que j'en fis alors :

C'est Dom Brugèles à la main qu'il faut visiter cet édifice. Dom Brugèles était moine et enfant de Simorre; il s'est naturellement complu à parler de son abbaye avec plus de détails que de toute autre.

L'église qui précéda celle que nous voyons était, selon Dom Brugèles, du x⁰ siècle [1]. L'église actuelle ne serait, d'après le même auteur, qu'une réparation de l'ancienne, faite au commencement du xıvᵉ siècle [2]. Cette réparation m'a paru bien radicale, car je pense qu'il ne reste de l'église du xᵉ siècle que le plan. L'église de Simorre, en effet, est formée par des murs, des baies, des arcs et des voûtes gothiques, bâtis sur un plan roman. Elle se compose d'une nef courte, d'une abside à chevet plat et d'un grand transept. Sur le carré du transept s'élève une belle lanterne octogone sur pendentifs, terminés à leur partie inférieure par des trompillons. Cette lanterne doit être comparée à celle de la cathédrale de Tarbes. Le clocher est bâti à l'angle formé par le mur du nord de la nef et le mur du couchant du transept. Le haut de la lanterne et du clocher est crénelé comme les murs de l'église et ne la domine que faiblement, sans doute pour ne pas lui enlever son air de sombre bastille.

Deux changements principaux ont été faits à cette église :

« En 1356 », dit Dom Brugèles [2], « Raymond de Rofliac, abbé de Pessan, « fit bâtir la chapelle de Sainte-Dode joignant la nef de l'église de Simorre ». C'est la petite chapelle à droite qui fait pendant au clocher.

[1] *Chroniques du diocèse d'Auch*, p. 192.
[2] *Id.*, p. 204.
[3] *Id.*, p. 208.

« En l'année 1412 », selon le même auteur, « le chapitre fit allonger l'église « en pierre de taille[1] ». Cette addition en pierre tranche sur le reste des murs en briques et frappe au premier abord quand on examine la partie occidentale de l'édifice.

L'église de Simorre est encore pleine du souvenir de l'illustre Jean Marre. Jean Marre était fils d'un marchand drapier de Simorre; il fut d'abord moine de l'abbaye, puis prieur de Nérac, ensuite d'Éauze; son mérite le fit choisir pour vicaire général d'Auch; il devint enfin évêque de Condom. Ce fut un grand constructeur d'églises. Il en bâtit à Nérac, à Éauze, à Condom et en divers lieux de son diocèse. A Auch, il ne construisit pas la cathédrale, mais il travailla fort activement à la préparer. Il n'oublia pas Simorre, sa patrie. Selon Dom Brugèles, ce prélat « fit faire les stalles du chœur de cette église « et y rebâtit la chapelle de Sainte-Dode, qu'il augmenta d'un vestibule en « l'honneur de N.-D. et dans laquelle la confrérie du Rosaire fut érigée « l'an 1602[2] ».

Les stalles qu'on doit à Jean Marre existent encore. On y remarque surtout au milieu la stalle de l'abbé ornée de belles sculptures qui représentent l'Annonciation. Sur la miséricorde on voit les armes d'un abbé de la famille de Labarthe, sous l'administration duquel fut sans doute exécuté ce travail[3]. Sur le passage ouvert au milieu des basses stalles pour arriver à celle de l'abbé se trouvent d'un côté S. Pierre et S. Paul, de l'autre S. Jean l'Évangéliste et S. Jean-Baptiste, patron du donateur. A l'une des extrémités des basses stalles on a représenté le baptême de Jésus-Christ, c'est-à-dire encore le patron de Jean Marre, et à l'autre extrémité le baptême de Clovis.

La chapelle de Sainte-Dode, rebâtie par Jean Marre, est celle qu'avait construite Bernard de Roffiac, abbé de Pessan, en 1356. Elle est remarquable par sa voûte en étoile et par un ancien vitrail attribué à Arnaud de Moles. On y voit les armoiries de Jean Marre avec l'agneau de S. Jean et celles d'un abbé de la famille de Galard *(parti : au premier d'or à trois corneilles de sable placées deux et un, coupé d'Armagnac qui est d'argent au lion de gueules; au deuxième d'or à deux vaches de gueules qui est de Béarn, coupé d'Antin qui est d'argent à trois tourteaux de gueules).* A la mort de Jean Marre (1521), H. de Grossoles, abbé de Simorre, lui succéda à l'évêché de Condom, et ce fut Jean III de Galard de Brassac (moine de Condom, dit Dom Brugèles) qui

[1] *Chroniques du diocèse d'Auch*, p. 210.
[2] *Id.*, p. 347.
[3] *Écartelé au premier et au quatrième d'or à trois pals de gueules, au deuxième et au troisième d'azur à trois fumées d'argent.* — Dom Brugèles (pp. 210 et 211) nomme deux abbés de Simorre de la famille de Labarthe, sous lesquels ces stalles peuvent avoir été faites : Jean I et Roger.

devint abbé. Il est probable que celui-ci fit exécuter les volontés de Jean Marre au sujet de la chapelle de Sainte-Dode.

Des restaurations récentes ont été faites à l'église de Simorre sous la direction de notre confrère M. Métivier, qui a publié dans notre *Bulletin* (III, 1902, p. 274) un mémoire à ce sujet, accompagné de trois planches. La destruction du porche a mis au jour une curieuse galerie extérieure crénelée, placée au-dessus de la porte méridionale. Mais ne devait-on pas conserver la chapelle de Sainte-Dode? Les vieilles églises sont des monuments auxquels diverses époques laissent des souvenirs. C'est détruire des documents de leur histoire qu'en faire disparaître des parties aussi importantes.

CASTILLON ET VILLEFRANCHE-D'ASTARAC.

La bastide de Villefranche est à quelques kilomètres en amont de Simorre. Tout près, mais sur l'autre rive de la Gimone, s'élevait le château des comtes d'Astarac appelé Castillon. Déjà, au temps de Dom Brugèles, on n'en voyait que des vestiges (*Chroniques*, p. 499). Cénac-Moncaut (*Voyage en Astarac*, p. 7), et M. Saint-Martin, qui connaît parfaitement le pays, ont constaté les travaux de terrassement de son assiette. On conte même sur ce château détruit une légende du *Tèrou*, qui effrayait jadis les enfants. Les comtes d'Astarac habitaient Castillon; deux d'entre eux, Bernard IV et Centulle III son fils, ont créé Villefranche dans la seconde moitié du xiiie siècle.

Cette bastide a conservé en partie ses caractères; des fossés entourent son enceinte à peu près carrée, les rues se coupent à angle droit, la place est bordée d'un côté par des cornières. Une route départementale en traversant le bourg a détruit tout un côté de ces allées couvertes; mais cette route à l'entrée et à la sortie traverse les fossés sur des ponts.

Centulle III donna à Villefranche, en 1293, des coutumes copiées sur celles de Pavie (Bladé les a publiées dans ses *Cou-*

tumes municipales, p. 29). Selon dom Brugèles (p. 499), le même comte établit ce bourg chef-lieu d'une des quatre châtellenies de son comté[1].

Cénac-Moncaut (*Voyage en Astarac*, pp. 7 et 8) et Curie-Seimbres (*Essai sur les... bastides*, p. 299) se sont occupés de Villefranche-d'Astarac.

L'ISLE-EN-DODON.

L'Isle-en-Dodon était le chef-lieu de l'une des huit châtellenies qui composaient le comté de Comminges. Dans cette localité était un château qui avait sous sa juridiction un certain nombre de communautés[2]. Ce château n'existe plus, mais sa chapelle est devenue l'église paroissiale. Elle a été bâtie par Bernard VIII, comte de Comminges, selon M. l'abbé Magre (p. 11).

Le sanctuaire, qui seul nous intéresse, est surtout remarquable par les moyens de défense dont il est pourvu. Comme l'église de Simorre, comme la cathédrale de Lombez, comme toutes les constructions toulousaines, il est en briques. Il importe d'observer tout d'abord qu'en plan ses murs forment six pans coupés, qu'ainsi ce sanctuaire se termine par un angle plus défavorable aux agresseurs qu'une surface plane. Cette disposition est assez rare; cependant elle a été remarquée, dans le Gers, à l'église de Fourcès (canton de Montréal) par M. l'abbé Canéto (*Revue de Gascogne*, I, p. 77, et IV, p. 216).

Sur le milieu de l'arc triomphal s'élève un mur qui s'amortit en triangle; il est percé d'une ouverture pour recevoir une cloche. Dans le Gers un campanile de ce genre occupe la même place à la petite église romane du Mas, près de Biran. Aux deux extrémités de l'arc triomphal de l'Isle-en-Dodon, on a bâti

---

[1] Le comté d'Astarac comprenait les quatre châtellenies de Moncassin, de Villefranche, de Durban et de Castelnau-Barbarens, et en outre la Perche de Mirande (Monlezun, *Histoire de la Gascogne*, II, pp. 441-443 et 448).

[2] M. l'abbé B. Magre a publié : *L'Isle-en-Dodon, châtellenie du Comminges* (Toulouse, Privat, 1888, in-8°, xxxviii-256 p., et une photogravure, extr. de la *Revue de Comminges*).

deux grosses tourelles carrées avec merlons, dont les murs extérieurs portent à faux. Les encoignures de la clôture hexagonale du chœur sont munis de contreforts réunis par une large arcature qui porte un chemin de ronde couvert et éclairé par des fenêtres à plein cintre. Ces mêmes moyens de défense se trouvent à l'église de Lombez. Au haut de chaque contrefort se trouve sans doute une logette d'archer, car on y voit des meurtrières.

Quatre ouvertures garnies de vitraux (probablement du xvie siècle) éclairent le sanctuaire. Les deux du fond sont rondes; on y voit l'Annonciation et l'Adoration des mages. Les deux autres sont en tiers-point et représentent chacune plusieurs sujets, dont les deux principaux sont : du côté du nord, Adam et Ève aux fesses proéminentes; du côté du midi, S. Adrien, martyr à Nicomédie, patron de la paroisse; il est vêtu en guerrier et il a près de lui Ste Nathalie son épouse.

Sur l'état ancien de l'Isle-en-Dodon on devra consulter le *Verbal de la visite des villes et chasteaux qui sont ès pays d'Armaignac, Comenge, etc., fait par le s[r] de Puységur*, publié par Mgr de Carsalade dans nos *Soirées archéologiques*, 1899, p. 60.

LOMBEZ.

Lombez, ancienne abbaye bénédictine de N.-D. de La Save, fut érigé en évêché par le pape Jean XXII. Cette ville ne fut importante que par son clergé. « L'évêché », disait Puységur en 1626, « occupe quasy la moitié de lad. ville et n'est peuplée que « des ecclésiastiques du chappitre qui y est estably[1] ».

La cathédrale est le seul monument. Je ne m'en occuperai pas malgré son importance, la Société archéologique devant publier prochainement une étude complète de notre regretté confrère M. Bourgade sur cette église[2].

[1] *Verbal de la visite des villes et châteaux... Soirées archéologiques*, 1899, p. 61.
[2] Je l'ai décrite dans mon *Compte rendu des excursions faites... en 1881* (Extr. de la *Rev. de Gasc.*, p. 58).

SAMATAN.

A trois kilomètres en aval de Lombez on trouve Samatan, autrefois chef-lieu de l'une des huit châtellenies du comté de Comminges. De la route, cette petite ville a un aspect absolument moderne, et nous aurions jugé inutile de nous arrêter, si M. le curé-doyen n'avait pris la peine de venir nous montrer le haut quartier situé au couchant. Il y a là des vestiges féodaux du haut Moyen-âge qui méritent l'attention des archéologues.

C'est une plateforme trapézoïde longue de cent vingt mètres sur cent mètres du côté le plus large (mesures approximatives); elle est défendue au nord et au midi par des pentes raides; au levant la pente se trouve actuellement fort adoucie. Un fossé au couchant sépare ce plateau d'une terrasse sur laquelle s'élève la motte féodale (on l'appelle *la moutasso*).

Il y a dans le Gers de nombreux travaux de terrassements ainsi disposés pour recevoir des châteaux-forts. Cénac-Moncaut a signalé celui de Saint-Arailles, dans la commune de Barcugnan, canton de Miélan (*Voyage archéologique en Astarac*, p. 7). Notre président M. Lauzun et notre confrère M. Mazéret ont décrit et figuré, le premier le *refuge du Gardès* (commune de Valence) [1], le second le *camp retranché et la motte de Pellehaut* (commune de Montréal) [2], mais tous deux les font remonter à des époques trop reculées.

A Dému (canton d'Éauze), au couchant d'une vieille tour qui défendait l'entrée du château, s'étend une plateforme rectangulaire (cent mètres sur cinquante environ) défendue au nord et au midi par des pentes raides; au couchant un fossé la sépare d'une terrasse ronde qui porte une superbe motte féodale. C'est tout à fait l'assiette du château-fort de Samatan.

Au XVIᵉ siècle celui-ci était fort délabré. Belleforest, qui était du pays, en a parlé dans sa *Cosmographie universelle*. Au

[1] *Châteaux gascons*, pp. 259 et ss., *Rev. de Gasc.*, XXXVII, p. 329.
[2] *L'homme préhistorique*, 1906, p. 259.

XVIIᵉ siècle, André Du Chesne, dans *Les antiquités et recherches des villes, châteaux et places remarquables de toute la France*, Puységur, dans le *Verbal* qu'il a dressé en 1626 (*Soirées archéologiques*, 1899, p. 61), nous conservent le souvenir de ses constructions; mais leurs renseignements sont trop vagues pour nous en donner une idée précise.

Pour compléter ce compte rendu, je devrais parler des châteaux de Saint-Blancard et de Caumont visités par la société; mais j'ai le projet de publier sur l'un et l'autre une notice spéciale.

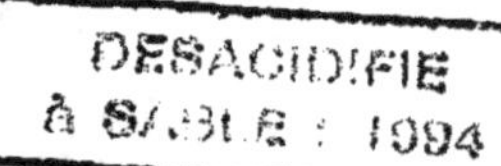

Auch. — Imprimerie Léonce Cocharaux, rue de Lorraine.

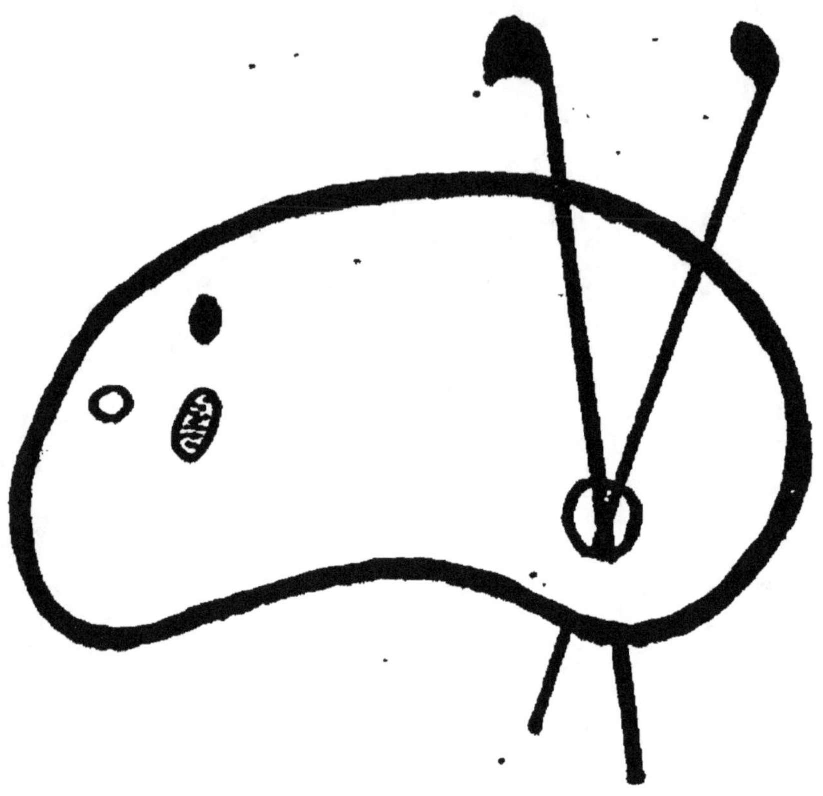